ABHANDLUNGEN
DER AKADEMIE DER WISSENSCHAFTEN DER DDR
Abteilung Mathematik, Naturwissenschaften, Technik

Jahrgang 1976 · Nr. 2 N

N. M. EMANUEL

Stand und Entwicklungsperspektiven der chemischen Forschung in der AdW der UdSSR an der Schwelle des zehnten Planjahrfünfts

Mit 9 Abbildungen

AKADEMIE-VERLAG · BERLIN · 1977

Vortrag
der Akademie der Wissenschaften der UdSSR auf der IX. Konferenz der Vertreter der Akademien der Wissenschaften sozialistischer Länder vom 10.—16. 11. 1975 in Berlin

Vom Generalsekretär der Akademie der Wissenschaften der DDR, Prof. Dr. Claus Grote, mit Zustimmung des Autors zur Veröffentlichung vorgelegt

Redaktion:
Dr. G. Wagner, Dr. H. Klare
Forschungsbereich Chemie der AdW der DDR

Erschienen im Akademie-Verlag, 108 Berlin, Leipziger Straße 3—4

Lizenznummer: 202 · 100/565/77
Gesamtherstellung: VEB Druckhaus „Maxim Gorki", 74 Altenburg
Bestellnummer: 762 449 4 (2001/76/2 N) · LSV 1205
Printed in GDR
DDR 4,— M

Die Chemie ist, ebenso wie die Mathematik, Physik und Biologie, eine Grundlagenwissenschaft. Die Leistungen der Grundlagenwissenschaften bilden die Basis der Praxis, d. h. die Basis der modernen Technik, der Industrie, Landwirtschaft und Medizin.

Bereits in den ersten Jahren der Entstehung des Sowjetstaates sagte W. I. LENIN:

> „*Die Gesetze der Außenwelt, der Natur, unterteilt in mechanische und chemische (das ist sehr wichtig), sind die Grundlagen der zweckmäßigen Tätigkeit des Menschen*".[1]

Diese durch LENIN gegebene hohe Bewertung der Bedeutung der Gesetze der Chemie spornt die Chemiker der sozialistischen Länder in ihrer Arbeit an.

Die Chemie war und bleibt letztendlich die Wissenschaft von den Werkstoffen, Produkten und Stoffen, die der Mensch braucht. Darin besteht die sichtbare praktische Bedeutung der Chemie. Dennoch hat der Weg zur Gewinnung dieser Werkstoffe und Produkte längst die empirischen Züge verloren und wird heute von einer fortgeschrittenen Theorie beleuchtet.

Die moderne theoretische Chemie untersucht Struktur und Umwandlung vieler Millionen individueller anorganischer und organischer Stoffe, hat mit einer gewaltigen Anzahl von Zwischenprodukten und unstabilen Teilchen zu tun, mit Hilfe derer chemische Reaktionen verlaufen.

Dabei bringt die Chemie in großem Maße Methoden und Instrumente der Physik, Mathematik und Rechentechnik zur Anwendung, bedient sich bei der Durchführung chemischer Reaktionen der Wirkung physikalischer Faktoren sowie der Prinzipien hocheffektiver biologischer Synthesen.

Die Kompliziertheit der zu untersuchenden Systeme hörte auf, hemmender Faktor in der chemischen Forschung zu sein.

Der intensive Charakter der chemischen Forschungsarbeiten, die enge Verflechtung von Chemie, Physik, Mathematik und Biologie im Erkenntnisprozeß ist durch die Einheit der materiellen Welt bedingt.

Die moderne angewandte Chemie und ihre Erfolge sind ein Hauptkriterium der Praxis in der chemischen Grundlagenforschung.

Der Begründer der wissenschaftlichen Chemie, das erste russische Akademiemitglied in der Chemie, Michail Wassiljewitsch LOMONOSSOW, schrieb bereits 1741

[1] W. I. LENIN, Werke Bd. 38, S. 177, Dietz Verlag, Berlin 1964

in seiner bekannten Arbeit „Elemente der mathematischen Chemie“: ... „*Der wahre Chemiker muß Theoretiker und Praktiker sein*“.

Wir sehen heute, daß seit den ersten Schritten in der Chemie als wissenschaftlicher Disziplin Theorie und Praxis der Chemie immer Hand in Hand gingen. Das ist auch heute so.

Kürzlich fanden in der UdSSR die Feierlichkeiten anläßlich des 250jährigen Bestehens der Akademie der Wissenschaften der UdSSR statt, die eine Leistungsschau der sowjetischen Wissenschaft darstellten.

Auf der Festsitzung im Kongreßpalast des Kreml, die dem Jubiläum der Akademie der Wissenschaften der UdSSR gewidmet war, sagte der Generalsekretär der Kommunistischen Partei der Sowjetunion, Genosse L. I. Breshnew: „*Die Partei hat die*

Abb. 1. Gebäude des Präsidiums der Akademie der Wissenschaften der UdSSR

wichtige Aufgabe gestellt, die Errungenschaften der wissenschaftlich-technischen Revolution mit den Vorzügen des Sozialismus zu verbinden.“ Und weiter heißt es: ... „*In Vorbereitung des XXV. Parteitages erwartet die Partei von den Wissenschaftlern, daß sie neue Prozesse und Erscheinungen noch gründlicher und mutiger erforschen, einen noch größeren Beitrag zum wissenschaftlich-technischen Fortschritt leisten, auftretende Probleme gründlich analysieren und verantwortungsvolle Empfehlungen geben, wie diese am besten gelöst werden können, um das Potential unseres Landes zu stärken, das Leben unseres Volkes zu verbessern und den Kommunismus aufzubauen.*“

Dieses Aktionsprogramm der Wissenschaftler der Akademie der Wissenschaften der UdSSR wurde von allen Teilnehmern der Festsitzung begeistert aufgenommen.

In dem Grußschreiben, das der Teilnehmer der Jubiläumsfestsitzung der Akademie der Wissenschaften der UdSSR an das Zentralkomitee der Kommunistischen Partei der Sowjetunion, an das Präsidium des Obersten Sowjets der UdSSR und an den Ministerrat der UdSSR richteten, heißt es u. a.: „*Die Wissenschaftler der Akademie der Wissenschaften der UdSSR sehen ihre Pflicht in der Konzentrierung der wissenschaftlichen Kräfte und materiellen Ressourcen auf die wichtigsten und perspektivreichsten Richtungen der Wissenschaft und Technik, in der Erhöhung der Effektivität der Forschungen sowie in der stärkeren Verbindung von Wissenschaft, Produktion und Praxis.*"

All das trifft in vollem Maße auch auf die Wissenschaftler in der Chemie zu, die einen bedeutenden Teil der Millionenarmee der Wissenschaftler der UdSSR darstellen.

Abb. 2. Projekt des Präsidiumsgebäudes der AdW der UdSSR

1. Wissenschaftliche Einrichtungen der Chemie in der Akademie der Wissenschaften der UdSSR und den Akademien der Wissenschaften der Unionsrepubliken

Die chemische Forschung in der UdSSR wird von großen Wissenschaftlerkollektiven geführt, die in der Akademie der Wissenschaften der UdSSR, in den Akademien der Wissenschaften der Unionsrepubliken, in den Hochschulen, Industrieinstituten und in den Betriebslaboratorien vereinigt sind.

In vielen Richtungen hat die sowjetische chemische Wissenschaft einen führenden Platz inne und weitere gute Entwicklungsperspektiven.

Weithin bekannt sind die chemischen Institute der Akademie der Wissenschaften der UdSSR in Moskau, wie das Institut für allgemeine und anorganische Chemie (IAAC), das Institut für organische Chemie (IOC), das Institut für elementorganische Verbindungen (INEOS), das Institut für physikalische Chemie (IPC), das Institut für chemische Physik (ICP), das Institut für Elektrochemie (IEC), das Institut für petrolchemische Synthese (IPChS), das Institut für Geochemie und analytische Chemie (GEAC) und das Schemjakin-Institut für bioorganische Chemie.

In Leningrad werden die chemischen Forschungsarbeiten im Institut für hochmolekulare Verbindungen (IHF und im Grebenschtschiko-Institut für Chemie der Silikate (ICS) durchgeführt; in Gorki im Institut für Chemie; in Kasan im Arbusow-Institut für organische und physikalische Chemie; in Swerdlowsk im Institut für Chemie und im Institut für Elektrochemie; in Baschkirien (Ufa) im Institut für Chemie; in Wladiwostok im Institut für Chemie und im Pazifik-Institut für bioorganische Chemie.

Ebenso bekannt sind die Institute der Sibirischen Abteilung der Akademie der Wissenschaften der UdSSR: das Institut für Katalyse (IK), das Institut für anorganische Chemie (IAC), das Institut für chemische Kinetik und Verbrennungsvorgänge (IchKV), das Nowosibirsker Institut für organische Chemie (NIOC), das Irkutsker Institut für organische Chemie (IrIOC) sowie das Institut für Chemie des Erdöls in Tomsk.

Bedeutende Entwicklung erfuhr die chemische Wissenschaft in den Akademien der Wissenschaften der Unionsrepubliken. In den Unionsrepubliken werden chemische Forschungsarbeiten in über 30 Instituten durchgeführt:

In Aserbaidshan — im Institut für theoretische Probleme der chemischen Technologie; im Institut für petrolchemische Prozesse (Mamedalew-Institut); im Institut für anorganische und physikalische Chemie und im Institut für Chemie der Additives;
in Armenien — im Institut für organische Feinchemie, im Institut für allgemeine und anorganische Chemie, im Institut für chemische Physik;
in Belorußland — im Institut für physikalisch-organische Chemie, im Institut für allgemeine und anorganische Chemie und im Torf-Institut;
in Georgien — im Melikischwili-Institut für physikalische und organische Chemie, im Institut für anorganische Chemie und Elektrochemie und im Kutatsladse-Institut für Pharmakochemie;
in Kasachstan — im Institut für chemische Wissenschaften und im Institut für organische Katalyse und Elektrochemie;
in Krigisien — im Institut für anorganische Chemie, im Institut für organische Synthese und im Institut für Holzchemie;
in Litauen — im Institut für Chemie und chemische Technologie;
in Moldawien — im Institut für Chemie;
in Tadshikistan — im Institut für Chemie;
in Turkmenien — im Institut für Chemie;
in Usbekistan — im Institut für Chemie und im Institut für Chemie der Pflanzenstoffe;

Abb. 3. Filiale der AdW der UdSSR in Kasan, Institut für Organische und Physikalische Chemie

Abb. 4. Akademie der Wissenschaften der Ukrainischen SSR, Institut für Physikalische Chemie

Abb. 5. Akademie der Wissenschaften der Moldauischen SSR, Laborgebäude

Abb. 6. Akademie der Wissenschaften der Lettischen SSR, Institut für Organische Synthesechemie

Abb. 7. Baschkirische Filiale der AdW der UdSSR, Hauptlaborgebäude

Abb. 8. Akademie der Wissenschaften der Aserbaidshanischen SSR, Gesamtansicht des Akademiestädtchens

in der Ukraine — im Institut für physikalische Chemie (Pissarshewski-Institut), im Institut für allgemeine und anorganische Chemie, im Institut für Kolloidchemie und Chemie des Wassers, im Institut für organische Chemie, im Institut für Chemie hochmolekularer Verbindungen;
in Estland — im Institut für Chemie.

Die meisten dieser Institute haben einen guten Ruf in der Welt und arbeiten aktiv mit chemischen Einrichtungen der Akademien der Wissenschaften der sozialistischen Länder zusammen.

Abb. 9. Akademie der Wissenschaften der Kasachischen SSR, Chemieinstitute

Dieses große Netz von Forschungsinstituten beschäftigt sich mit Grundlagenforschung sowie angewandter Forschung allgemeinen Charakters in bezug auf spezifische Probleme des jeweiligen geographischen Gebiets.

Die chemische Forschung in den Akademien der Wissenschaften der Unionsrepubliken befindet sich auf dem Stand der modernen Wissenschaft und leistet einen wesentlichen Beitrag zum Fortschritt der Chemie.

Darüber Gen. L. I. BRESHNEW in seiner Rede auf der Festsitzung anläßlich der 250-Jahr-Feier der Akademie der Wissenschaften der UdSSR: „*Ein konkreter Ausdruck der Leninschen Nationalitätenpolitik der KPdSU war die unter Leitung der Akademie der Wissenschaften der UdSSR begonnene rege Arbeit zur Gründung und*

Entwicklung der Wissenschaft in den Unionsrepubliken. Auf der Basis der Akademie-Zweigstellen entstanden die Akademien der Wissenschaften der Unionsrepubliken. Heute kann man schon nicht mehr von den Errungenschaften der sowjetischen Wissenschaftler sprechen, ohne den hervorragenden Entdeckungen der ruhmreichen nationalen Abteilungen unserer sowjetischen Wissenschaft Rechnung zu tragen."

2. Die chemische Forschung im 9. Planjahrfünft

In den Jahren 1971 bis 1975 wurde die chemische Forschung in einem breiten Umfang durchgeführt; sie erfaßte alle wichtigen Probleme der modernen theoretischen und angewandten Chemie. Der Fünfjahrplan sah die Entwicklung der Arbeiten auf folgenden Gebieten vor: Chemische Strukturtheorie, Kinetik, Thermodynamik, Katalyse, Chemie hoher Energien, Elektrochemie, Polymere, Petrolchemie, Kohlechemie, Torf- und Ölschieferchemie, organische Chemie, Chemie elementorganischer Verbindungen, künstliche und synthetische Nahrung, Adsorbentien, Kolloidchemie, anorganische Chemie und Radiochemie, theoretische Grundlagen der chemischen Technologie, neue hitzebeständige, schwer schmelzende und gegen Strahlung beständige Kunstruktionswerkstoffe, Chemie der Halbleiter und Werkstoffe für die Quantenelektronik, Chemisierung der Landwirtschaft, Geochemie und Kosmochemie und Untersuchung biologisch wichtiger Verbindungen.

Im 9. Planjahrfünft wurden wesentliche Resultate erzielt. Neue anorganische Werkstoffe für die verschiedenen Zweige der Volkswirtschaft wurden entwickelt: hitzebeständige metallische und keramische Werkstoffe, neue Werkstoffe für die Quantenelektronik wie auch verschiedene Typen von antikorrosiven Beschichtungen für Metalle und andere Materialien.

Es wurden neue Prozesse zur Gewinnung von schwer schmelzenden Metallen wie auch von Legierungen ausgearbeitet, die in der Produktion von Steuerungssystemen sowie in der Technik der kosmischen Funkfernverbindung Anwendung fanden.

Ein großer Beitrag wurde zur Chemie radioaktiver Elemente geleistet. Die Elemente Neptunium, Plutonium und Americium wurden erstmalig in ihrer hohen Wertigkeit — Kalifornium, Einsteinium und Fermium dagegen in ihrer niedrigsten Wertigkeit — gewonnen. Die wichtigsten Eigenschaften dieser Elemente wurden erforscht.

Das Problem der Entwicklung von Zusammensetzungen und Methoden zur Gewinnung von thermo- und strahlenstabilen anorganischen Verbindungen, die die vorgegebenen physiko-chemischen Eigenschaften bei längerem Gebrauch beibehalten, ist gelöst worden.

In den Jahren des 9. Planjahrfünfts ist von den sowjetischen Wissenschaftlern ein neues Gebiet der Chemie erschlossen worden, die Koordinationschemie der Actiniden. Sie bildet die wissenschaftliche Grundlage für die Verarbeitungstechnologie von Erzen und Kernbrennstoffen.

Wichtige Ergebnisse wurden auf dem Gebiet der Synthese und Charakterisierung neuer elementorganischer Verbindungen erzielt, die für die neue Technik, die Industrie, Landwirtschaft und das Gesundheitswesen von Bedeutung sind. So wurden Katalysatoren, Verbrennungsregulatoren, thermostabile Polymere, Extraktionsmittel zur Separation von Buntmetallen und seltenen Erden, umweltfreundliche Pestizide sowie Arzneimittel geschaffen.

Die sowjetische Schule der chemischen Kinetik und Katalyse hat sich intensiv entwickelt und nimmt einen führenden Platz ein.

Das chemisch-physikalische Herangehen bei der Erforschung chemischer Prozesse ermöglichte, den Mechanismus vieler chemischer Reaktionen detailliert zu untersuchen. Große Aufmerksamkeit wurde der Entwicklung physikalischer Methoden zum Studium chemischer Umwandlungen gewidmet. Weite Verbreitung fanden die Untersuchungen von chemischen Elementarprozessen in Stoßröhren unter Verwendung der Methode des Molekülstrahls, der NMR-, ESR- und chemolumineszenz-Methoden.

Als eine logische Folgerung aus den Untersuchungen zu Verbrennungs- und Explosionsprozessen ist die Entwicklung einer unikalen Gewinnungsmethode für schwerschmelzbare anorganische Materialien zu betrachten, der sogenannten sich selbstausbreitenden Hochtemperatur-Synthese (SHS).

Die kinetische Forschungsrichtung wurde zur theoretischen Grundlage für die Schaffung neuer Prinzipien der Gewinnung von wertvollen chemischen Produkten und Materialien, für die Entwicklung unikaler technologischer Lösungen sowie für die Schaffung quantitativer Grundlagen für die Medizin.

Die Entdeckung grundlegender Gesetzmäßigkeiten auf dem Gebiet der Katalyse führte zur Herstellung hocheffektiver und selektiv wirkender Katalysatoren für eine Reihe industrieller Prozesse. Es wurden Zeolith- und Membrankatalysatoren vor allem in petrolchemischen Produktionen eingeführt. Die Metallkomplexkatalyse fand Anwendung bei der Fixierung molekularer Stickstoffe zur Gewinnung von Hydrazin und Ammoniak, bei der Olefinoxydation, in der Industrie zur Herstellung stereoregulären Kautschuks.

Zur Stimulierung chemischer Prozesse werden im Laboratorium und in der Industrie zunehmend Licht, Strahlung, hohe und sehr niedrige Temperaturen, Reaktionsführung im Tieftemperaturplama angewandt.

Es ist eine moderne Theorie elektronischer Prozesse auf der Grundlage der statistischen Mechanik und Quantenphysik entwickelt worden. Diese theoretischen Vorstellungen haben einen wesentlichen Beitrag zur Entwicklung von Brennstoffelementen geliefert.

Die Grundlagenforschung auf dem Gebiet der Chemie hochmolekularer Verbindungen ermöglichte es, eine Reihe thermostabiler und hochfester Polymermaterialien zu gewinnen.

Es wurden neue Polymermaterialien hergestellt, die eine hocheffektive Membrantechnologie zur Trennung und Anreicherung von Gasgemischen erst ermöglichten. Umfangreiche Untersuchungen zur Alterung und Stabilisierung von Polymeren wurden durchgeführt und neue wirksame Stabilisatoren für Plaste und Fasern geschaffen.

Abgeschlossen ist die Aufklärung der Primärstruktur der Aspartat-Transaminase, des Leghämoglobins und anderer Eiweißstoffe. Es wurden effektive Methoden zur Untersuchung der Konformationszustände biologisch aktiver Peptide (Gramizydin, Valiomyzin u. a.) entwickelt.

Beträchtlich vorangetrieben wurde die Erforschung der räumlichen Struktur von Biopolymeren; es sind wichtige Arbeiten mit hoher Auflösung der Tertiärstruktur von

Biopolymeren durchgeführt worden. Wichtige Ergebnisse wurden auch bei der Untersuchung von Polysacchariden und Lipiden erzielt.

Bedeutende Erfolge sind beim Studium niedermolekularer biologisch aktiver Naturstoffe erreicht worden: so ist die Struktur einer Reihe in der UdSSR entdeckter Antibiotika aufgeklärt worden, die antibakterielle, antifungale und anticancerogene Wirkung haben; das gleiche gilt für das in Bulgarien entdeckte Anticancerpräparat AB. Die vollständige chemische Synthese des in der Praxis bedeutsamen Antibiotikums Tetrazyklin ist verwirklicht worden.

Es sind wissenschaftliche Voraussetzungen für eine wesentliche Erweiterung der Ressourcen der menschlichen Eiweißnahrung getroffen worden. Es wurden Gewinnungsverfahren für Nahrungseiweiß aus pflanzlichen und mikrobiologischen Rohstoffen entwickelt sowie Methoden zur Erzeugung von Kohlehydrat-Nahrungsmitteln mit 15—20% Eiweiß (Makkaroni, Kartoffelprodukte usw.), die hohe Verbrauchseigenschaften besitzen.

In den Institutskollektiven der Akademie der Wissenschaften der UdSSR und der Akademien der Unionsrepubliken wurde angestrengt gearbeitet, um die Planaufgaben des 9. Fünfjahrplanes zu erfüllen und möglichst überzuerfüllen.

3. Abgeschlossene Arbeiten, die sich in verschiedenen Stadien der Überführung in die Praxis befinden

In den letzten Jahren haben die Chemiker in der Grundlagenforschung der Überführung ihrer Ergebnisse in die Praxis große Aufmerksamkeit gewidmet.

Die Chemiker haben eine große Anzahl von Urheberrechten und Patenten für Erfindungen erteilt bekommen, die von bedeutendem Interesse für die chemische Industrie sind. Mehrere der angewandten Arbeiten durchliefen eine erfolgreiche Erprobung in Pilot- und Versuchsanlagen der Industrie. Die Information über solche abgeschlossenen Arbeiten ist von bestimmtem Interesse hinsichtlich einer möglichen gemeinsamen Überführung dieser Ergebnisse in die Praxis der sozialistischen Länder.

So gibt es z. B. zum Thema „Polyacrylate und Materialien auf ihrer Grundlage“ einen Arbeitsplan des INEOS (AdW der UdSSR) und des Instituts für Polymere der Polnischen Akademie der Wissenschaften, der die gemeinsame Überführung der Forschungsergebnisse in der UdSSR und der VR Polen vorsieht. Zu dieser Gemeinschaftsarbeit werden Industriezweiginstitute und Betriebe hinzugezogen.

Die Bedeutung dieser Arbeit besteht in der Entwicklung der Produktion neuer thermostabiler Polymerer, in erster Linie für die Elektrotechnik und Elektronik.

Von Interesse ist ebenfalls die Arbeit „Polyphenylchinoxaline und Materialien auf ihrer Grundlage“.

Polyphenylchinoxaline (Homopolymere) sowie Copolymere verschiedener Struktur, darunter Polyimidphenylchinoxaline, können zur Entwicklung und Erprobung als Elektroisolations- und Isolationsmaterialien, Klebstoffkompositionen, Lacke, Fasern usw. empfohlen werden (zum Einsatz bei höheren Temperaturen bis etwa 350 °C).

Im Laboratorium wurde ein Herstellungsverfahren für diese Polymere ausgearbeitet und an das Institut für Plaste übergeben, in dem die Entwicklungsarbeiten zur Technologie des Prozesses erfolgen. Die Forschungsarbeiten werden gemeinsam vom INEOS und vom ZIOC der AdW der DDR durchgeführt.

In Übereinstimmung mit dem Plan der multilateralen Zusammenarbeit wurde gemeinsam mit dem Zentralinstitut für organische Chemie (ZIOC) die Synthesemethode und die Abtrennung der Polyphenylchinoxaline verbessert, in der DDR eine Technikumsanlage montiert und Polychinoxaline verschiedener Struktur erhalten. Gegenwärtig betreibt die DDR die intensive Einführung der Polyphenylchonoxaline und Polyimidphenylchinoxaline in elektronische und funktechnische Anwendungsgebiete.

Erfolgreich verläuft die angewandte Forschung zum Thema „Polyaroylen-S-Triazole und Materialien auf ihrer Grundlage".

Im INEOS widmete man sich der Suchforschung zur Synthese von Polyaroylen-4 S-Triazolen auf der Basis von bis-Amidrazonen von Dikarbonsäuren und Dianhydriden von Tetrakarbonsäuren.

Die Polymere resultieren aus relativ leicht zugänglichen Monomeren und können für die Herstellung von Folien, Fasern, Beschichtungen und Adhäsiven für Thermoplaste eingesetzt werden, die eine erhöhte Arbeitstemperatur (bis 300 °C) besitzen.

Bedeutung für die Praxis hat die Arbeit des INEOS „Antifriktionsplaste, selbstschmierend — APS-Plaste".

Die Vorzüge der Antifraktionsplaste kommen besonders unter Bedingungen zur Geltung, unter denen die Anwendung flüssiger Schmiermittel unmöglich oder unzulässig ist. — Hierher gehören verschiedene Mechanismen der Hochvakuumtechnik, Elektrovakuum-Bauteile, der Strahlung ausgesetzte Maschinenteile, Lager, die bei hohen Temperaturen oder in Kühlflüssigkeiten arbeiten, Kugellager mit hohen Kreisgeschwindigkeiten.

Im Institut für organische Chemie der AdW der UdSSR wird intensiv an der Entwicklung effektiver Zeolith-Katalysatoren und ihres Prozeßeinsatzes gearbeitet. Vorgeschlagen werden hochaktive zeolithische Katalysatoren für die Benzolalkylierung mit Äthylen oder Propylen zum Zwecke der Gewinnung von Äthylbenzol oder Cumol. Das erlaubt den Alkylierungsprozeß mit mehrfach höherer Produktivität als an früher bekannten Katalysatoren, mit erhöhter Ausbeute (60—85%), mit längeren Katalysatorstandzeiten und bei niedriger Betriebstemperatur (200—250 °C) durchzuführen.

Der Katalysator ist leicht zu regenerieren, seine Aktivität wird nach der Regeneration voll wiederhergestellt.

Die entwickelten Katalysatoren gestatten gleichzeitig Äthyl- und sekundäres Butylbenzol zu erhalten; letzteres ist ein wertvoller Rohstoff für die Produktion von Phenol und Methyläthylketon.

Die Piloterprobung der vorgeschlagenen Katalysatoren sind abgeschlossen.

Es wurde ein Einstufenverfahren zur Hydroisomerisierung von Piperylen und Isopenten entwickelt. Die Hydroisomerisierung von Piperylen kann sowohl in reiner Form als auch im Gemisch mit n-Pentan vorgenommen werden, in jedem Falle tritt Isopentan als einziges Endprodukt auf, dessen Ausbeute dem Gleichgewichtswert nahekommt, d. h. 55% beträgt.

Die Vorzüge des Verfahrens bestehen in der Nutzung eines neuen Rohstoffes zur Gewinnung von Isopenten und in der Verwertung des Piperylans, das als Nebenprodukt bei der Isoprenproduktion anfällt. Der Prozeß verläuft an Pd-Zeolith-Katalysatoren, seine Erprobung im Pilotmaßstab ist abgeschlossen.

Es wird ein Katalysator zur Kohlenwasserstoffsynthese aus CO und H_2 vorgeschlagen, der bei Mitteldruck über hohe Aktivität und Selektivität für die Bildung hochschmelzender Ceresinwachse (Tropfpunkt über 100 °C) verfügt. Der Katalysator wird gegenwärtig im industriellen Maßstab getestet.

Ferner wird ein Katalysator für die oxydative Dehydrierung von Äthylbenzol zu Styrol auf Basis eines modifizierten Vanadiumoxids auf Träger vorgeschlagen. Die Styrolausbeute an solch einem Katalysator beträgt 65—70%, bezogen auf durchgesetztes Äthylbenzol, im Vergleich zu 48—50% am nichtmodifizierten Katalysator. Die Selektivität liegt bei 92—94%.

Der Katalysator hat den Langzeittest im Labor durchlaufen, gegenwärtig wird seine halbtechnische Erprobung vorbereitet.

Es werden Methoden zur extraktiven Rektifikation von Steinkohlenbenzol vorgeschlagen, die es gestatten, ein Markenbenzol zu gewinnen und hochprozentige Thiophen-Konzentrate abzutrennen sowie Methoden zur Reinigung von Naphthalin und Abfallprodukten der Naphtalinproduktion von Benzothiophen.

Diese Verfahren ermöglichen die Reinigung enger Steinkohlenteerfraktionen im kontinuierlichen Betrieb und gestatten, den Schwefelsäureverbrauch erheblich zu senken, was zu einer verminderten Korrosion der Apparatur und zu einem geringeren Abwasseranfall führt.

Außerdem bieten diese Verfahren die Möglichkeit, die wertvollen heterocyclischen Produkte (Thiophen, Benzthiophen) der organischen Synthese zuzuführen.

Es wird eine allgemeine Gewinnungsmethode für Trichlorallylalkohol vorgeschlagen, der ein Zwischenprodukt für die Herstellung von Systemherbiziden mit Wurzelwirkung gegen Unkräuter in Getreidekulturen darstellt.

Es werden einfache Methoden zur Herstellung von Fluorbenzol und anderer mono- und difluoraromatischer Verbindungen aus Cyclopentadien oder anderen zugänglichen Kohlenwasserstoffen und Freonen vorgeschlagen. Diese Verbindungen sind wertvolle Produkte für die organische Synthese, vor allem für biologisch aktive (pharmazeutische) Präparate, organische Farbstoffe und Monomere.

Das vorgeschlagene Verfahren basiert auf billigen und leicht zugänglichen Rohstoffen, ist technologisch einfach, kann kontinuierlich durchgeführt werden.

Das Institut für petrolchemische Synthese (IPChS) führt bereits gegenwärtig mit sozialistischen Ländern eine Reihe von anwendungsorientierten Untersuchungen durch.

So werden gemeinsam mit der DDR folgende Aufgaben bearbeitet:

1. Untersuchung des Mechanismus der Pyrolyse von Kohlenwasserstoffen und Gewinnung von Monomeren.

2. Verarbeitung von Kohlenwasserstoffen (insbesondere Methan) im Wasserstoffplasmastrahl.

3. Gewinnung von aluminiumorganischen Verbindungen (gemeinsam mit dem ZIOC der AdW der DDR).

4. Ionische Polymerisation (zusammen mit der TH Merseburg).

Das Institut für chemische Physik (ICP) schlägt folgende Arbeiten zur Überführung vor:

1. Erarbeitung eines neuen, hocheffektiven Verfahrens der industriellen Produk-

tion von Propylenoxid auf dem Wege der unmittelbaren Oxidation von Propylen in Lösung unter Druck in einem Reaktor aus speziellem Material.

2. Ein Gerät zur Analyse von Gasgemischen, das Chromato-Effusiometer-MCh 1312.

Es existiert kein analoges Gerät im ausländischen Gerätebau. Die Empfindlichkeit des Gerätes ist nicht geringer als die der empfindlichsten chromatographischen Detektoren, aber in der *Universalität* werden diese übertroffen.

3. Verfahren zur Herstellung von *Hydrazin* aus molekularem Stickstoff und Wasser.

Das kontinuierliche Verfahren zur Herstellung von Hydrazin aus Stickstoff und Wasser mit vollständiger Regenerierung der Haupt-Reaktions-Komponenten mit Hilfe von Elektroenergie ermöglicht eine direkte Synthese von Hydrazin aus molekularem Stickstoff, wobei das Stadium der Gewinnung von stickstoffhaltigen Verbindungen übergangen wird. Die Kosten der Elektroenergie und des Rohstoffes — technischen Stickstoffe — ermöglichen es, den gegenwärtigen Preis von Hydrazin erheblich zu senken.

Das Verfahren ist im Labormaßstab realisiert. Verhandlungen über gemeinsame Arbeiten werden mit Organisationen der DDR geführt.

4. Der hochselektive Prozeß der Dimerisation von Äthylen in Buten-1 ermöglicht eine Ausbeute von $\sim$ 98—99%, was mit zur Zeit bekannten Verfahren nicht möglich ist. Verhandlungen mit Betrieben der VR Ungarn werden geführt.

5. Selbstverlaufende Hochtemperatur-Synthese von anorganischen Verbindungen (SHS).

Das vorgeschlagene Verfahren ist zur Herstellung von schwer schmelzbaren anorganischen Verbindungen, festen Legierungen auf deren Grundlage sowie Kompositionsmaterialien und -erzeugnisse vorgesehen. Der Methode liegt die Reaktion der exothermen Wechselwirkung von chemischen Elementen zugrunde. Das Verfahren erfordert keine solchen komplizierten Öfen, wie sie gewöhnlich zur Synthese von schwerschmelzbaren Verbindungen angewandt werden, ist einfach in der technischen Ausrüstung und hat eine hohe Produktivität. Das Verfahren ermöglicht die Gewinnung von Produkten hoher Reinheit.

6. Wurtzitähnliches Bornitrid (Tschernobor).

Tschernobor ist ein neues superhartes Material, das ein hochdefektes wurtzitähnliches Bornitrid darstellt, gewonnen mit Hilfe einer Explosion; es besitzt eine Härte, ähnlich der von Diamant, wobei dieser aber in der Wärmebeständigkeit übertroffen wird und inaktiv gegenüber kohlenstoffhaltigen Verbindungen ist. Es ist ein ausgezeichneter Rohstoff zur Herstellung von Schneidwerkzeugen. Die Einfachheit des Explosionsverfahrens der Gewinnung von Tschernobor und die hohe Produktivität dieses Verfahrens senken die Kosten des Gerätes im Vergleich mit dichten Formen des Bornitrids, gewonnen mit Hilfe hohen Drucks, um das 5—10fache.

7. Hocheffektive, nicht färbende Stabilisatoren für Polymere;

a) Lichtstabilisatoren „Lastar";

b) hocheffektive Phenol-Thermostabilisatoren für Polymere.

Auf der Grundlage von Triazetonamin ist eine Reihe von nichtfärbenden Lichtstabilisatoren des Typs „Lastar", deren effektivster C-245 den Importlichtstabilisator des Typs „Tinuvin" in der Effektivität übertrifft, entwickelt worden.

Das Institut für physikalische Chemie verwirklicht die Zusammenarbeit mit den sozialistischen Ländern laut RGW-Plänen sowie auf der Basis der multi- und bilateralen Zusammenarbeit. Zu den Arbeiten von praktischem Charakter, die für die gemeinsame Überführung oder wissenschaftlich-technische Entwicklung genutzt werden, gehören laut RGW-Plänen folgende:

1. Erarbeitung von Methoden des Schutzes von Metallen vor Korrosion.

In der Arbeit werden Methoden des zeitweiligen Schutzes von Metallteilen, Korrosion und Schutz der Metalle unter Naturbedingungen sowie effektive Methoden des Auftragens von organischen und galvanischen Überzügen auf Metallen u. a. erforscht.

Im Verlaufe der vorliegenden Arbeit wurden die verschiedensten Methoden des Schutzes von Konstruktionsmaterialien vor Korrosion erarbeitet sowie universelle Korrosions-Inhibitoren der verschiedenen Marken entwickelt. Die Einführung dieser Inhibitoren und Methoden des Schutzes in verschiedenen Industriebetrieben der UdSSR garantiert einen jährlichen ökonomischen Nutzen von mehreren Millionen Rubeln.

2. Forschungen auf dem Gebiet der Verarbeitung von Brennstoffelementen der Atomkraftwerke.

In dieser Arbeit werden Methoden der Herstelllung von Konzentraten aus Spaltprodukten von radioaktiven Elementen erforscht, Methoden der extraktiven Isolierung von Strontium-90, Promethium-147, Zer-144, Cäsium-137, hoher Reinheit, sowie ein Verfahren zur Herstellung von Technetium aus Abfallösungen erarbeitet.

Die Einführung der Methoden der extraktiven Isolierung von seltenen Erdmetallen erfolgte in der UdSSR einige Jahre früher als in den USA und anderen Staaten, und die im IPC der AdW der UdSSR erarbeiteten Methoden werden praktisch in allen seltene Erdmetalle verarbeitenden Werken der UdSSR angewandt. Der jährliche ökonomische Nutzen dieser Methoden beträgt einige Millionen Rubel. 1972 wurden diese Arbeiten mit dem Staatspreis ausgezeichnet.

3. Forschung auf dem Gebiet der Entgiftung von flüssigen, festen und gasförmigen radioaktiven Abfallstoffen und der Desaktivierung von verschmutzten Oberflächen.

In der Arbeit werden Verfahren des Deponierens von radioaktiven Abfallstoffen aller Art in geologischen Formationen, werden natürliche und synthetische Sorptionsmittel für die Reinigung der Abfälle ausgewählt sowie Methoden für die Härtung und Verglasung von hochaktiven Abfällen beschrieben.

Der Bedarf der Industrie an unterirdischen Silos ist sehr groß. Die Einführung der unterirdischen Deponierung bringt in nur einem Betrieb einen ökonomischen Nutzen von nicht weniger als einigen Millionen Rubeln im Jahr.

4. Schaffung von neuen Industriekatalysatoren und die Verbesserung der Qualität der in der Industrie angewandten Katalysatoren.

In der Arbeit wurden vollkommenere Methoden der Katalysatorenprüfung vorgeschlagen, die vom Institut erarbeiteten Geräte sind als Standards für alle RGW-Länder angenommen, produziert werden sie in der DDR.

5. Auf Grundlage der mehrseitigen Zusammenarbeit zum Thema „Synthese von Polymeren“, wobei die Tschechoslowakische AdW ein aktiver Partner des Instituts ist, wurden Verfahren zur Herstellung von Lacken und Folien auf der Grundlage der Emulsionspolymerisation von Akrylmonomeren entwickelt, die in die Industrie zur

Herstellung von Latexen verschiedenen Sortiments überführt wurden. Diese Folienbildner werden erfolgreich in der Bau-, Leder- und Elektroindustrie angewendet.

6. Auf der Grundlage der zweiseitigen Zusammenarbeit mit der AdW der DDR zum Thema „Modifizierung von Polymermaterialien durch Strahlen-Pfropf-Polymerisation" werden Verfahren zur Veränderung der Volumen- und Oberflächeneigenschaften von Folien und Fasern mittels Bestrahlung in verschiedenen Medien erforscht. Die Verschleißfestigkeit, die Festigkeit und die dekorativen Qualitäten vieler Polymermaterialien sollen erhöht werden.

Es ist vom Institut für Hochmolekulare Verbindungen der AdW der UdSSR (IHV) eine neue Methode zur Herstellung von Polyacrylnitril erarbeitet worden. Auf der Grundlage von Lithium-Initiatoren wurde im IHV der AdW der UdSSR ein homogenes Schnellverfahren zur Herstellung von Polyacrylnitril mit verbesserten Eigenschaften entwickelt. Die Bildung von Spinnlösungen unmittelbar im Reaktionsgefäß gestattet es, energie- und arbeitsaufwendige Operationen — wie Ausfällen, Auswaschen, Filtrieren, Trocknen und Lösen des Polymers — bei der Einführung dieser Methode in die Produktion auszuschließen.

Wie bekannt wurde, ist die AdW der DDR an einer gemeinsamen Bearbeitung und Anwendung der praktischen Ergebnisse dieser Arbeit interessiert. Die Arbeit „Isolierung und Reinigung von Eiweißen an neuen porösen Kationenaustauscher" ist interessant. Im IHF der AdW der UdSSR werden die spezifischen Wechselwirkungen von Eiweißmolekülen mit synthetischen Polyelektrolyten über mehrere Jahre erforscht. Auf der Grundlage der gewonnenen Ergebnisse wurde eine prinzipiell neue Methode der Ionenaustauscher-Isolierung und Reinigung von biologisch aktiven Stoffen und Fermenten geschaffen. Die Methode beruht auf der Anwendung von porösen Ionenaustausch-Materialien mit hoher Ionenaustauschkapazität. Das Prinzip der Isolierung und Reinigung von Eiweißen besteht in der Trennung von Eiweißen nach ihren elektrochemischen Eigenschaften bei Änderung des pH-Wertes der Gleichgewichtslösung. Im IHV der AdW der UdSSR wurde die Synthese und Erforschung von porösen Karboxylkationen KMT mit höherer Sorptionskapazität im Verhältnis zu den Eiweißen (hunderte mg Eiweiß auf 1 g Sorbens) durchgeführt.

Die durchgeführten und zur Überführung vorgeschlagenen technologischen Schemata der Reinigung von Eiweiß, insbesondere von Fermenten, können leicht von den interessierten Einrichtungen der sozialistischen Länder (z. B. Institut für industrielle Mikrobiologie der Bulgarischen AdW, tschechoslowakische Firmen „Spofa" und „Slovakofarm") übernommen werden.

Die Vervollkommnung der Synthesemethode von speziellen Varianten von porösen Ionenaustausch-Stoffen für die hochspezifische Sorption von Eiweißen kann gemeinsam mit dem Institut für makromolekulare Chemie der AdW der ČSSR (diese Arbeiten sind bereits auf zweiseitigem Beschluß begonnen worden) sowie gemeinsam mit dem Institut für Polymerenchemie (Teltow, DDR) durchgeführt werden.

4. Zusammenarbeit auf dem Gebiet der Chemie zwischen den Akademien der Wissenschaften sozialistischer Länder und gemäß RGW-Plan

Die Grundformen der Entwicklung wissenschaftlicher Beziehungen zwischen den Akademien der sozialistischen Länder sind:

Durchführung gemeinsamer Forschungen, Koordinierung von Arbeiten, die nach abgestimmten Methoden durchgeführt werden — Teilnahme an wissenschaftlichen Konferenzen, Symposien und Beratungen in den sozialistischen Ländern, gegenseitige Arbeitsbesuche wissenschaftlicher Mitarbeiter nach dem Äquivalenzprinzip, Austausch von wissenschaftlicher Literatur und Geräten usw.

Die wissenschaftliche Zusammenarbeit erfolgt in Übereinstimmung mit den abgeschlossenen Vereinbarungen und den auf deren Grundlage zusammengestellten Jahresplänen. Diese Zusammenarbeit erfolgt gemäß der multi- und bilateralen Zusammenarbeit sowie entsprechend dem RGW-Plan.

Gut entwickelt sich die multilaterale wissenschaftliche Zusammenarbeit der Akademien der Wissenschaften sozialistischer Länder zum Problem „Hochmolekulare Verbindungen“. Mit der Organisation und der Ausrichtung der Arbeiten auf diesem Gebiet befaßt sich eine Problemkommission der Akademien der Wissenschaften sozialistischer Länder, die aus Vertretern der Länder besteht, die auf diesem Gebiet zusammenarbeiten. Geleitet wird diese Kommission von der Akademie der Wissenschaften der DDR (Leiter: Prof. Dr. H. Frommelt).

Es werden solche wichtigen Probleme der Chemie makromolekularer Verbindungen, wie Polykondensation (verantwortlich: UdSSR), ionische Polymerisation (verantwortlich: VR Polen), Morphologie der Polymeren (verantwortlich: ČSSR), Polymerkompositionen (verantwortlich: DDR), radikalische Polymerisation (verantwortlich: VR Ungarn) bearbeitet.

Das Problem „Kinetik und Katalyse“ wurde im Verlaufe von vielen Jahren (bis einschließlich 1974) von den Einrichtungen der Akademien der Wissenschaften sozialistischer Länder auf der Grundlage von zweiseitigen Vereinbarungen bearbeitet. Die gemeinsamen Arbeiten erfolgten zu folgenden Fragen:

- Untersuchung des Mechanismus von katalytischen Reaktionen an verschiedenen Oberflächen und in Lösungen;
- Natur der Wechselwirkung der Moleküle mit der Oberfläche von metallischen und nichtmetallischen Katalysatoren;
- Anwendung von mathematischen Methoden zur Untersuchung der Kinetik von Reaktionen;
- Modellierung.

Bei der Bilanzierung der Zusammenarbeit und einem Erfahrungsaustausch zu Fragen mit verwandter Thematik und zur zweiseitigen Zusammenarbeit zwischen den Vertretern der Akademien der Wissenschaften sozialistischer Länder stellte sich heraus, daß bei der zweiseitigen Zusammenarbeit eine Reihe von Themen mit außerordentlich verwandter wissenschaftlicher Thematik an analogen Katalysatoren und Reaktionen untersucht wird. In diesem Zusammenhang erwies es sich als zweckmäßig, die multilaterale wissenschaftliche Kooperation zu solchen wichtigen Themen wie der katalytischen Oxydation von Kohlenwasserstoffen, der Katalyse an Zeolithen, der Katalyse auf reinen Oberflächen, der Untersuchung des Mechanismus von katalytischen Reaktionen, der Wechselwirkung der Moleküle mit der Oberfläche von nichtmetallischen Katalysatoren, der homogenen Katalyse und Komplexkatalyse zu organisieren. Bekanntlich wurde dieser Beschluß auf der VIII. Beratung der Vertreter der Akademien der Wissenschaften sozialistischer Länder (Warschau, Oktober 1973) angenommen.

Effektiv entwickelt sich die zweiseitige Zusammenarbeit mit der VR Bulgarien auf dem Gebiet der makromolekularen Verbindungen. Vor kurzem entwickelte das INEOS der AdW der UdSSR eine Methode der Synthese für bifunktionales bromsubstituiertes Phosphinoxyd. Ein Muster dieses Monomeren wurde der bulgarischen Seite zur Herstellung von Polymeren übergeben. Auf der Grundlage dieses Monomeren entwickelten die Bulgaren ein Polymer und untersuchten dessen Eigenschaften. Es wurde ein gemeinsames Referat auf der nationalen Ausstellung „Volksrepublik Bulgarien — 30 Jahre auf dem Weg des Sozialismus" in Moskau zum Thema „Phosphorhaltige, flammfeste Monomere, Oligomere und Polymere, aus Derivaten von Tetramethylphosphinchlorid" ausgearbeitet, dessen Text in einer einzelnen Broschüre veröffentlicht wurde (Sofia, 1974).

Das Institut für physikalische Chemie der AdW der UdSSR arbeitet mit der Bulgarischen AdW gemeinsam zum Problem: „Elektrochemische Kinetik". Es werden Untersuchungen der Struktur und der Magnetcharakteristika von elektrolytisch ausgefällten Kobalt—Eisen-Legierungen durchgeführt. Die Arbeiten erreichten ein hohes Niveau, so daß man die Ergebnisse der gemeinsamen theoretischen Untersuchungen in der Praxis zur Herstellung von Folien mit vorgegebenen Eigenschaften anwenden kann.

Zum Problem „Theorie der Oberflächenerscheinungen" werden Oberflächenkräfte in dünnen Filmen untersucht. Die Theorie der Beständigkeit von freien und benetzenden Filmen von binären Lösungen wird ausgearbeitet.

Als Ergebnis gemeinsamer Forschungsarbeiten wurde die Theorie des Gleichgewichts der Filme mit der Flüssigkeit im Volumen (Toschew, Iwanow — Bulgarien; G. A. Martinow — UdSSR) entwickelt, die auf dem Symposium über oberflächenaktive Stoffe in der DDR im Dezember 1974 dargelegt wurde.

Auf Vorschlag des Direktors des Institutes für physikalische Chemie der Bulgarischen Akademie der Wissenschaften, Akademiemitglied R. A. Kaishew, ist die Kontaktaufnahme zu Arbeiten auf dem Gebiet des Wachsens der neuen Phase, insbesondere bei der Züchtung von Kristallen aus der Gasphase, vorgesehen. Zum Problem „Elektrochemische Kinetik" werden Forschungsarbeiten zum Mechanismus der Prozesse in elektrochemischen Stromquellen durchgeführt (IEL AdW der UdSSR, IPC BAW, Zentrallabor elektrochemischer Stromquellen der BAW). Es wurden Berechnungen durchgeführt, die es erlaubten, das Regime der Zuführung des gasförmigen Reagenzien (Sauerstoff oder Wasserstoff) mit den Strukturparametern, die durch eine poröse hydrophobierte Elektrode charakterisiert sind, zu verbinden. Die Ergebnisse der Berechnungen geben die experimentellen Werte richtig wieder (Zentrallabor elektrochemischer Stromquellen).

Es werden Untersuchungen der Eigenschaften einzelner Kanten von Monokristallen durchgeführt sowie das Auftreten spezifischer elektrochemischer Eigenschaften an festen Oberflächen untersucht (IEL, AdW der UdSSR, IPC, BAW, Zentrallabor für elektrochemische Stromquellen der BAW); Messungen der Differentialkapazität an monokristallinem Silber werden durchgeführt. Der Vergleich des Verhaltens von monokristallinen und polykristallinen Silberelektroden in verdünnten Natriumchlorid-Lösungen zeigte, daß die Adsorptionsfähigkeit des Silbers merklich von der Heterogenität der Oberfläche abhängt. Zu diesen Resultaten wurden gemeinsame Arbeiten veröffentlicht. Im Jahre 1974 wurde in Moskau zu diesem Thema ein gemeinsames sowjetisch-bulgarisches Seminar durchgeführt.

Zu dem Problem „Dynamik zäher Flüssigkeiten und Gase“ wurde die Hydrodynamik und der Massenaustausch in laminaren Flüssigkeitsfilmen in Gegenwart dynamischer Wechselwirkung mit der Gasphase untersucht. Die AdW der UdSSR führte gemeinsame Untersuchungen mit dem Zentrallabor für theoretische Grundlagen der chemischen Technik der BAW durch.

Werte der Wellencharakteristik des Fließvorganges (Wellenlänge, Phasengeschwindigkeit und Amplitude) als Funktion der Volumengeschwindigkeiten des Flüssigkeits- und Gasstromes wurden ermittelt. Diese Werte, bei vorgegebenem Gesetz über die Veränderung des Koeffizienten der turbulenten Viskosität im Gas, informieren umfassend über die Struktur der Ströme und Geschwindigkeitsprofile in beiden Phasen.

Auf dem Gebiet der Elektrochemie führte das Institut für Elektrochemie der AdW der UdSSR auch gemeinsame Arbeiten mit der Ungarischen AdW durch. Es wurde die elektrochemische Injektion von Keimen in beschichteten Lipid-Membranen während des Verlaufs der Reaktion im Phasengrenzbereich erforscht (IEL, UdSSR; Budapester Medizinische Universität).

Das Institut der physikalischen Chemie der Akademie der AdW der UdSSR führte zusammen mit der Ungarischen AdW Forschungen zum Problem „Wissenschaftliche Grundlagen der Adsorptionsprozesse“ durch. Erforscht wurde der Mechanismus der Adsorption von Elektrolyten an Oxyhydraten des Titans und Zirkoniums.

Das Institut für petrolchemische Synthese plant gemeinsam mit den Organisationen der Ungarischen AdW für die Jahre 1976 bis 1980 folgende Arbeiten:

- Untersuchung von erdölchemischen Prozessen
  - Studium der Gesetzmäßigkeiten von thermischen und katalytischen Umwandlungen (Budapester Technische Universität)
  - Studium der Oxydation von Kohlenwasserstoffen mit dem Ziel, der Klärung der Kinetik, des Mechanismus und der Gesetzmäßigkeiten dieser Prozesse (Zentrales Chemisches Wissenschaftliches Forschungsinstitut).

Dieses Institut hat außerdem festgelegt, mit der DDR in den Jahren 1976 bis 1980 Arbeiten zu folgenden Themen fortzuführen:

- Plasmachemische Verarbeitung von Rohöl und hochsiedenden Kohlenwasserstoff-Fraktionen (ZIPC)
- Synthese von grenzflächenaktiven Stoffen auf Basis Äthylenoxid (ZIOC)
- Kohlenwasserstoff-Pyrolyse durch adiabatische Kompression (ZIOC)
- Untersuchung des Mechanismus der Kohlenwasserstoffpyrolyse und Erzeugung von Monomeren (ZIOC)
- Ionische Polymerisation (TH Merseburg).

Auch andere Institute der UdSSR haben die Zusammenarbeit mit Einrichtungen der DDR entwickelt.

In Übereinstimmung mit dem Plan wurden mit dem ZIOC der AdW der DDR gemeinsame Strukturforschungen an phosphororganischen Verbindungen mit physikalischen Methoden durchgeführt. Im Institut für elementorganische Verbindungen wurde eine allumfassende Erforschung der Gesetzmäßigkeiten von Kernresonanzspektren stereoisomerer phosphororganischer Verbindungen durchgeführt. Es wurde die sogenannte statistisch kontrollierbare Assoziat-Diastereomerie entdeckt, die Theorie dieser Erscheinung entwickelt und experimentell bestätigt.

Kernresonanz-Untersuchungen an Phosphoniumsalzen wurden durchgeführt: der synthetische Teil der Arbeit wurde im ZIOC der AdW der DDR erledigt, die spektroskopische Erforschung im INEOS, die Diskussion der Resultate gemeinsam geführt.

Es wurde die Erforschung des Bildungsmechanismus von polymeren Siloxanen durchgeführt und die Kinetik der Polymerisation erforscht. Die allgemeinen Gesetzmäßigkeiten des Polymerisationsprozesses von Organozyclosiloxanen in Abhängigkeit von den Reaktionsbedingungen wurden aufgestellt, ebenso die Natur der organischen an Silizium gebundenen Radikale sowie die zyklischen Verbindungen.

Die gemeinsamen Arbeiten zur Herstellung der Verbindung zwischen den Spektren und den physikalischen und chemischen Eigenschaften der Moleküle dauern noch an.

Das INEOS erhielt aus der DDR die Expreß-Information über spektroskopische Arbeiten in der ganzen Welt, veröffentlicht im ZIPC der AdW der DDR. Der DDR-Seite wurden die Resultate der Arbeit des INEOS auf diesem Gebiet übergeben.

Die Erforschung der Möglichkeiten der Herstellung neuer Nahrungsmittel erfolgte in Zusammenarbeit mit dem Zentralinstitut für Ernährung der AdW der DDR (ZIE). Es erfolgte ein systematischer Informationsaustausch zur Isolierung, Reinigung und Charakterisierung der Eiweiße pflanzlicher Herkunft (ZIE) und Einzeller (INEOS, AdW der UdSSR).

Gemeinsam wurde das Zusammenwirken des Kaseins und der sauren Polysaccharide in wäßrigen Lösungen untersucht. Die Resultate dieser Arbeiten wurden in einem gemeinsamen Vortrag auf der internationalen Konferenz in Eisenach (DDR) „Charakteristik, Beurteilung und Verarbeitung des Eiweißes für Ernährungszwecke“ dargelegt.

Eine fruchtbare Zusammenarbeit entwickelte sich auf dem Gebiet der physikalischen Chemie zu dem Thema „Synthese, Untersuchung und Anwendung von Adsorbentien“.

Erfolgreich entwickeln sich die Arbeiten zum Thema „Radiochemie“. Als gute Grundlage zu diesem Thema kann die gemeinsame Thematik auf dem Gebiet der Strahlenpfropfpolymerisation gelten, die im ICP der AdW der UdSSR und im ZIS der DDR erarbeitet wurde, in der die Erforschung der elementaren Stadien der Polymerisation erfolgt.

In den Arbeiten zur Impulsradiolyse ergänzen sich das ICP der AdW der UdSSR und das Zentralinstitut für Isotopen- und Strahlentechnik vorteilhaft. Das ICP der AdW der UdSSR erforscht anorganische, die AdW der DDR organische Objekte.

Das Institut für Elektrochemie der AdW der UdSSR führte gemeinsame Arbeiten mit dem ZIPC der AdW der DDR zum Problem „Physikalische Chemie“ auf dem Gebiet der elektrokatalytischen Oxydation aliphatischer Kohlenwasserstoffe durch.

Die Zusammenarbeit des INChS der AdW der UdSSR und des ZIOC der AdW der DDR vollzog sich auf dem Gebiet der Erforschung des Mechanismus der Pyrolyse der Kohlenwasserstoffe und der Herstellung von Monomeren für die Synthese. Zwischen beiden Instituten existiert eine langjährige Zusammenarbeit. Insbesondere bestehen Absprachen über die Erprobung von in Laboratorien des INChS erhaltenen Werten auf Pilotanlagen der DDR. Andererseits gibt es Absprachen über die Ermittlung in der UdSSR erhaltener Resultate in die DDR, die die mathematische Beschreibung der Pyrolyseprozesse verschiedener Kohlenwasserstoffausgangsstoffe betreffen. Somit brauchen die Wissenschaftler der DDR diesen schwierigen Prozeß nicht auszuarbeiten. In der mehrjährigen Zusammenarbeit erfüllten beide Seiten die übernommenen Verpflichtungen.

Gut entwickelt hat sich die zweiseitige Zusammenarbeit mit der VR Polen. In Übereinstimmung mit dem Plan erfolgte die Zusammenarbeit zu dem Problem „Chemie der elementorganischen Verbindungen auf dem Gebiet der Untersuchung der Tautomerie und der doppelten Reaktionsfähigkeit von Monothiosäuren des Phosphors mit Diazofluoren und ihren Substituenten“. Ebenso war der Einfluß der Polarität des Lösungsmittels auf die Richtung dieser Reaktion untersucht worden. Ein Reaktionsmechanismus wurde vorgeschlagen.

Im Institut für molekulare und makromolekulare Forschungen der PAN wurde die Erforschung der Reaktionen der Monothiosäuren des Phosphors mit Trialkylphosphiten abgeschlossen. Die Kinetik der Reaktion ist untersucht.

Die gemeinsame Arbeit zum Thema „Strukturforschung elementorganischer und komplizierter organischer Verbindungen“ wurde weitergeführt.

Es erfolgt die Röntgenstrukturanalyse von π-Komplexen der Übergangsmetalle. Es liegen experimentelle Ergebnisse vor, das Dechiffrieren der Struktur der Derivate des Ferrocens mit sterischer Behinderung der Substituenten wird vorgenommen. Die sowjetischen Wissenschaftler nahmen im vorigen Jahr auf Einladung der PAN an der Arbeit der IV. Schule für Röntgenstrukturanalyse teil (Jablona, VR Polen). Dort wurden Vorlesungen zu aktuellen Problemen dieses Gebietes gehalten.

An dem Problem „Erforschung der Struktur und der magnetischen Eigenschaften elektrolytisch gefällter Metalle und Legierungen der Eisengruppe“ arbeitete das Institut für physikalische Chemie der AdW der UdSSR mit der PAN zusammen. Der Einfluß der Bedingungen der elektrolytischen Fällung auf die Struktur und die physikalisch-chemischen Eigenschaften von Kobalt—Nickel-Legierungen, die in der Industrie als Magnetträger von Elementen mit Langzeitgedächtnis und Antikorrosionsbeschichtungen anwendbar sind, wurde untersucht. Die durchgeführten Untersuchungen erlaubten die Festlegung der elektrochemischen Bedingungen für die Herstellung von Legierungen mit optimalen Eigenschaften.

Im Ergebnis der Zusammenarbeit des INChS der AdW der UdSSR und des Zentrums wissenschaftlicher Forschungen der PAN (Institut für Erdölchemie und Chemie der Kohle) wurde eine vertiefte Untersuchung der Polyrekombinationsreaktion der Erdölparaffine mit dem Ziel einer möglichen Nutzung der Rekombinationsprodukte als viskose Verdickungsmittel für Öle durchgeführt. Die thermische Stabilität dieser viskosen Zusatzstoffe wird untersucht.

Ab 1976 werden folgende Arbeiten durchgeführt:

— Studium der Polyrekombination von Paraffin-Kohlenwasserstoffen mit dem Ziel der Gewinnung von wertvollen Produkten und ihrer Anwendung in der Technik.
— Untersuchung der Kohlenwasserstoff-Zusammensetzung von Erdölen (Institut für Erdöl und Chemie der Kohle der AdW der VR Polen, Gliwice).

Gemeinsam mit den Organisationen der AdW der ČSSR ist für die Jahre 1976 bis 1980 folgende Arbeit geplant:

Untersuchung der Bildungsstatistik, Topologie, Struktureigenschaften von Polymernetzen, Erarbeitung von Methoden zur Regulierung der Netzwerke (IMCH, AdW der ČSSR, Prag). Das Institut für makromolekulare Verbindungen erarbeitete ein Verfahren zur Herstellung von Polyimid-Fasern (Arimid PFG).

Die Möglichkeit der Anwendung von Polyimiden zur Herstellung von verschiedenen Formteilen (Fasern, Folien, Plastiks) läßt sie auf einen der vorderen Plätze für die Herstellung von thermostabilen, chemo- und strahlenfesten Materialien aufrücken, die schon jetzt in der UdSSR sowie in anderen Ländern breite Anwendung in der Luftfahrt- und Kosmostechnik, in der Atomenergetik finden sowie zur Herstellung von feuerfesten dekorativen Stoffen, Filterstoffen für die Reinigung von heißen Gasen, für die Herstellung von Bekleidung zum Schutz vor Feuer und Wärme, Bekleidung für Flieger und Kosmonauten dienen.

Erfolgreich verläuft die zweiseitige Zusammenarbeit mit der ČSAV/SAV zu Problemen der „Hochmolekularen Verbindungen" bei der Synthese von Polymeren.

Von sowjetischer Seite wurden diese Arbeiten im INEOS durchgeführt und bestanden in der Erforschung von Gesetzmäßigkeiten der Bildung sowie der Eigenschaften dreidimensionaler Polymere, der Gewinnung von Polymeren und Oligomeren mit funktionellen Gruppen, dem Studium der Polymerisation und Copolymerisation heterozyklischer Verbindungen.

Gemeinsame Arbeiten werden außerdem mit dem Institut für makromolekulare Chemie der ČSAV auf dem Gebiet der anionisch-aktivierten Polymerisation der Lactame und der Erforschung der Eigenschaften dieser Polymere durchgeführt.

Mit der Akademie der Sozialistischen Föderativen Republik Jugoslawien wurden Tautomerieuntersuchungen und Arbeiten zur doppelten Reaktionsfähigkeit von phosphororganischen Thiosäuren vorgenommen. Im INEOS der AdW der UdSSR wurde die Untersuchung der doppelten Reaktionsfähigkeit der Thiosäuren des Phosphors mit Diazofluoren und den entsprechenden Substituenten abgeschlossen.

Im Institut für technische und medizinische Sicherheit (Belgrad) wurde die Kinetik der Reaktion des Diazoazetons mit Monothiosäuren des Phosphors untersucht.

Es wurde bereits erwähnt, daß die multilaterale Zusammenarbeit schon seit geraumer Zeit auch die in ihrer Leistungsfähigkeit bedeutend gewachsenen Institute der Unionsrepubliken und Einrichtungen der Akademie der Wissenschaften der UdSSR, die sich außerhalb der Zentren entwickelt haben, erfaßt. Ein einziges Beispiel mag diese illustrieren.

In den Themenplan der zweiseitigen wissenschaftlichen Zusammenarbeit zwischen dem Institut für Chemie in Gorki und der AdW der DDR für die Jahre 1976 bis

1980 wurde das Thema „Thermostabilität von metallorganischen Verbindungen" aufgenommen, das für gemeinsame Forschungsarbeiten des ICh der AdW der UdSSR (Gorki) und des ZIOC (DDR) vorgesehen ist.

Die Grundlagen zur Herstellung von Aluminium-Beschichtungen auf dem Wege des thermischen Zerfalls von Al-organischen Verbindungen auf einer erwärmten Oberfläche sind untersucht worden. Ein Verfahren zum Ausfällen von Beschichtungen auf verschiedenen Materialien mit komplizierter Form wurde entwickelt. Das gilt auch für eine Reihe von Korrosionsschutz- und Reflexionsbeschichtungen. Außer den erwähnten Arbeiten schlägt das Institut für Chemie in Gorki noch andere interessante Themen zur Bearbeitung vor.

Gemäß dem Plan des RGW entwickelt sich die Zusammenarbeit zwischen den Akademieinstituten erfolgreich zu den Problemen „Ausarbeitung von Mitteln zum Korrosionsschutz von Metallen", „Abbau und Modifizierung von Polymeren" (ICP), „Ausarbeitung von Geräten für radiospektroskopische Untersuchungen" (INEOS). Bei der Verwirklichung der Pläne des RGW kamen die Mitarbeiter der Institute zu Beratungen zusammen, nahmen aktiv an der Einschätzung der Arbeitsergebnisse und der Koordinierung der künftigen Aufgaben teil. Regelmäßig erfolgte der Austausch von Mustern und Erprobungsresultaten, wurden die Berichte abgeschlossener Arbeiten ausgetauscht.

Somit festigte sich in den letzten Jahren die wissenschaftliche Zusammenarbeit zwischen den sozialistischen Ländern, sie gestaltete sich effektiv und umfaßt die aktuelle Problematik der modernen chemischen Wissenschaft und Praxis.

5. Einige perspektivische Richtungen der chemischen Forschung im 10. Planjahrfünft

Zum gegenwärtigen Zeitpunkt wurde und wird von den Chemikern in der UdSSR eine große Arbeit zur Perspektivplanung und Prognostizierung der Entwicklung von einzelnen Zweigen der chemischen Wissenschaft geleistet.

Diese Arbeit ist ein Teil der allgemeinen Bemühungen des sowjetischen Volkes zur Ausarbeitung und Präzisierung des neuen Fünfjahrplanes. Die Hauptaufgaben dieses Fünfjahrplanes werden in den Direktiven des bevorstehenden XXV. Parteitages der KPdSU zum Fünfjahrplan der Entwicklung der Volkswirtschaft der UdSSR von 1976 bis 1980 formuliert. Die Akademie der Wissenschaften der UdSSR erarbeitete das den Akademien der sozialistischen Ländern bekannte Dokument „Die Grundtendenzen der Entwicklung der Natur- und Gesellschaftswissenschaften in den Jahren 1976 bis 1980", deshalb werde ich lediglich einige Beispiele bevorstehender Forschungsarbeiten nennen.

Weitere Entwicklung wird eine neue Richtung der chemischen Wissenschaft und ihre Anwendung, die sich auf die Ausnutzung der Prinzipien des Reaktionsverlaufs in lebenden Organismen (fotochemische Ausnutzung der Sonnenenergie, immobilisierte Fermente) stützt, erfahren. Die Ausarbeitung der Theorie und Praxis von gekoppelten Kettenreaktionen mit dem Ziel, neue rentable technologische Prozesse zu schaffen (in erster Linie in der Erdölchemie) wird fortgeführt. Die theoretischen und experimentellen Untersuchungen des Mechanismus und der Kinetik von katalytischen Prozessen zur Schaffung von wissenschaftlichen Grundlagen der Auswahl von Katalysatoren und katalytischen Systemen werden erweitert.

Die Untersuchungen der Metallkomplexkatalyse wird zu einer breiten Anwendung von komplexen Katalysatoren in den Reaktionen der erdölchemischen Synthese (Hydrierung, Oxydation, Carbonylierung, Disproportionierung, Polymerisation u. a.) führen.

Die Untersuchungen, die auf die Entwicklung wissenschaftlicher Grundlagen der Schaffung von korrosionsbeständigen Materialien gerichtet sind, werden fortgesetzt.

In der organischen Chemie werden auf der Grundlage der in den letzten Jahren geschaffenen neuen experimentellen Methoden Beziehungen zwischen der Veränderung des Elektronenzustandes einzelner Atome in Molekülen in komplizierteren Systemen und der funktionellen Bewegung der molekularen und übermolekularen Gruppen, welche die Grundlage ihrer Reaktionsfähigkeit bilden, aufgestellt. In der Elektrochemie ermöglicht eine breite Anwendung von Hochfrequenz-, Impuls- und optischen Methoden tiefer in den Mechanismus von Elektrodenprozessen, insbesondere bei Reaktionen der organischen Synthese, einzudringen. Die Prozesse der industriellen Elektrolyse werden verbessert und neue Stromquellen entwickelt. Wichtige Ergebnisse sind von der Entwicklung der Bioelektrochemie zu erwarten, die es ermöglichte, den Mechanismus der Ausbreitung des Nervenimpulses sowie der Wahrnehmung von visuellen Bildern zu verstehen und damit zunehmenden Einfluß auf medizinisch-biologische Untersuchungen nimmt.

In großem Maßstab werden Forschungsarbeiten auf dem Gebiet der Polymeren durchgeführt. Eine zielgerichtete Synthese von Polymeren mit vorgegebenen Eigenschaften, die den ständig wachsenden Anforderungen der Volkswirtschaft gerecht werden können. Grundlegende Untersuchungen auf dem Gebiet der koordinativen, elementeorganischen und organischen Chemie bilden die Grundlage für neue Wege und die Entwicklung neuer Methoden zur Herstellung von wichtigen chemischen Produkten für Industrie und Landwirtschaft.

Große Aufmerksamkeit wird der Entwicklung von technologischen Prozessen mit komplexer Ausnutzung von Rohstoffen und Nebenprodukten sowie der Schaffung von geschlossenen technologischen Zyklen (bezogen auf die Schadstoffemission) für den Umweltschutz geschenkt.

Die physikalisch-chemischen Untersuchungen von Prozessen, die in lebenden Organismen ablaufen, sollen zu Ergebnissen führen, die in Industrie, Landwirtschaft und Medizin angewandt werden können.

Eine Entwicklung werden die Untersuchungen auf dem Gebiet der Chemie und Technologie der künstlichen und synthetischen Gewinnung von Eiweiß- und anderen Nahrungsstoffen erfahren. Untersuchungen zu den physikalisch-chemischen Grundlagen der Gewinnung von verschiedenen Formen von Eiweißnahrungsprodukten werden erweitert.

Das sind lediglich einige Beispiele der vorgesehenen Forschungsarbeiten in der Perspektive. Insgesamt jedoch bleiben in den Grundzügen jene wissenschaftlichen Hauptrichtungen erhalten, die im Abschnitt „Chemische Forschung im 9. Planjahrfünft" genannt werden.

6. Die Hochschulausbildung der Fachrichtung Chemie in der UdSSR und die Vorbereitung von hochqualifizierten Fachleuten für Forschung und Industrie

W. I. Lenin lehrte, daß der Kommunismus undenkbar ist ohne die höchsten Errungenschaften von Wissenschaft, Technik und Kultur, ohne ein modernes Bildungswesen.

Der Kommunismus steuert dahin, „*die* (soziale (d. R.)) *Arbeitsteilung unter den Menschen aufzuheben und allseitig entwickelte und allseitig geschulte Menschen ... zu erzielen, zu unterweisen und heranzubilden*“.[1]

Diese Leninschen Worte bestimmen den Platz und die Bedeutung der Hochschule beim Aufbau des Kommunismus und die Anforderungen an die Hochschulausbildung. Bereits am 4. März 1921 unterschrieb W. I. Lenin die Verordnung des Rates der Volkskommissare, nach welcher das Fach Chemie an allen technischen Hochschulen eingeführt wurde.

Die Anforderungen an einen sowjetischen Fachmann definierte L. I. Breshnew in seiner Rede auf dem Unionstreffen der Studenten im Oktober 1972: „*Der sowjetische Spezialist heute — das ist ein Mensch, welcher gut die Lehre des Marxismus-Leninismus beherrscht, klar die politischen Ziele der Partei und des Landes sieht, er besitzt eine breite wissenschaftliche und praktische Vorbereitung, beherrscht allseitig sein Fachgebiet: ... der moderne Spezialist — das ist ein Mensch hoher Kultur, breiter Allgemeinbildung, kurz, das ist ein wahrer Intelligenzler der neuen sozialistischen Gesellschaft.*“ Die sowjetische Hochschule ist berufen, gerade solche Fachleute auszubilden. Bekanntlich nahmen am 18. Juli 1972 das ZK der KPdSU und der Ministerrat der UdSSR den Beschluß „Über Maßnahmen zur weiteren Vervollkommnung der Hochschulbildung im Land“ an, der das konkrete Programm der Entwicklung der Hochschulbildung in der jetzigen Etappe des kommunistischen Aufbaus entsprechend den Aufgaben des XXIV. Parteitages der KPdSU zum Inhalt hat.

Insbesondere unterstreicht dieser Beschluß die Wichtigkeit der allgemeinwissenschaftlichen Grundlagendisziplinen, zu denen Mathematik, Physik, Chemie gehören, bei der Ausbildung von Fachleuten beliebigen Profils.

Die Notwendigkeit, diesen Beschluß des ZK der KPdSU und des Ministerrates der UdSSR zu verwirklichen, stellte den Lehrstühlen für Chemie an den Hochschuleinrichtungen eine Reihe von Aufgaben, die es umgehend zu lösen galt. Dazu gehörten:

1. Die Chemielehrprogramme an den Hochschulen zu überarbeiten und die Erhöhung der Lehrqualität in den chemischen Disziplinen zu garantieren.
2. Maßnahmen zu treffen mit dem Ziel, moderne Lehrbücher und Lehrmaterialien in den chemischen Disziplinen zu erarbeiten und die Qualifizierung der wissenschaftlich-pädagogischen Mitarbeiter zu fördern.
3. Allseitig die nötige technische Ausrüstung für den Lehrprozeß in den chemischen Disziplinen zu verbessern.
4. Den Erfahrungsaustausch zwischen den verschiedenen Bildungseinrichtungen auszubauen und die Rolle der Lehrstühle für Chemie an den Universitäten im Zusammenhang mit der Vollverkommnung der Lehre zu erhöhen.

[1] W. I. Lenin, Werke Bd. 31, S. 35, Dietz Verlag, Berlin 1959

5. Den Studenten die Teilnahme an wissenschaftlichen Forschungsarbeiten in den Laboratorien der Hochschuleinrichtung oder der wissenschaftlichen Institute einschließlich der Institute der Akademie der Wissenschaften der UdSSR zu ermöglichen.

6. Der Qualifizierung des Lehrkörpers besondere Aufmerksamkeit zu widmen. Für die Vorlesungen an den Fakultäten eine größere Zahl von bedeutenden Wissenschaftlern der Akademie der Wissenschaften der UdSSR einzusetzen.

7. Die Kontinuität zwischen dem Chemieunterricht in der Oberschule und an den Hochschulen zu gewährleisten. Profilierte Wissenschaftler — Chemiker der AdW der UdSSR — für die Ausarbeitungen von Unterrichtsprogrammen und Lehrbüchern für die Oberschulen heranzuziehen.

Gegenwärtig sind Chemiker der AdW der UdSSR mit lebhaftem Interesse an dieser Arbeit beteiligt.

Die moderne Chemie nimmt einen wichtigen Platz bei der Ausbildung von hochqualifizierten Fachleuten für alle Bereiche der Industrie, des Bauwesens, der Landwirtschaft, des Verkehrswesens, des Gesundheitswesens, der Kultur und andere Lebensbereiche ein. Die Bedeutung der modernen Chemie für die Ausbildung von Verfahrenstechnikern der chemischen und metallurgischen Industrie ist hinlänglich bekannt. Auch in anderen Bereichen der Industrie ist die Rolle der Chemie groß. Bauingenieure und Hydrotechniker müssen die Chemie des Wassers und die Lehre von den Lösungen beherrschen und die neuesten chemischen Methoden der Abwasserbehandlung anwenden können.

Den wissenschaftlich-technischen Anforderungen der sozialistischen Landwirtschaft kann nur ein allseitig gebildeter Agronom, Zootechniker oder Veterinärmediziner gerecht werden, der sich in den physikalischen und chemischen Prozessen, die in den pflanzlichen und tierischen Organismen, im Boden, vor sich gehen, gut auskennt und es versteht, diese Prozesse bewußt zu steuern. Die Überleitung der Erkenntnisse der modernen Chemie in die Landwirtschaft ist von außerordentlicher Bedeutung für die Verwirklichung der Beschlüsse des XXIV. Parteitages der KPdSU zur Intensivierung der Feld- und Viehwirtschaft. In riesigem Ausmaß nimmt die Verwendung von Mineraldüngern zu. Vollständiger, auch im Sortiment, wird der Bedarf der Landwirtschaft an Schädlingsbekämpfungsmitteln und verschiedenen Futtermitteln für die Viehwirtschaft gedeckt, umfassender finden auch andere Chemieprodukte Eingang. All das muß richtig und mit maximalem Nutzen angewandt werden.

Die Erfolge der modernen Chemie hatten die Vervollkommnung objektiver Methoden der Diagnostizierung von Krankheiten und die Anwendung effektiver Maßnahmen für die Prophylaxe und Heilung von Krankheiten zur Folge. Die Bedeutung der modernen Chemie bei der Aufdeckung des Mechanismus und der Kinetik des Verlaufes der Lebensprozesse im Organismus, im Normalzustand, wie auch bei pathologischen Abweichungen hat beachtlich zugenommen. Eine wesentliche Rolle spielte die moderne Chemie auch bei der Lösung von Problemen der Vererbung. In großem Umfang finden chemische Elemente und ihre Verbindungen Eingang in die Medizin. Einen wichtigen Platz in der modernen Chirurgie nehmen synthetische Materialien, insbesondere Plastmaterialien ein.

In der UdSSR leitet die Arbeit zur Vervollkommnung der Lehre in den wichtigsten chemischen Disziplinen der Wissenschaftlich-methodische Rat für Chemie des Ministeriums für Hoch- und Fachschulbildung der UdSSR. Dieser Rat hat eine beachtliche Arbeit geleistet. Es wurden neue Lehrprogramme ausgearbeitet, Lehrbücher und Lehrmaterialien geschrieben, die Methoden wurden verbessert und neue technische Lehrmittel eingeführt. Vieles wurde für die Qualifizierung der Lehrkräfte getan. In den neuen Programmen sind wesentliche Verbesserungen der wissenschaftlich-technischen Basis der Lehre, die Vervollkommnung des lehrmethodischen Vorgehens bei der Vermittlung der notwendigen Kenntnisse an die Studenten vorgesehen sowie die Reduzierung dieser Kenntnisse auf Kosten veralteten und zweitrangigen Materials. Das bezieht sich auf die neuen Programme in anorganischer, analytischer, organischer, physikalischer Chemie und Kolloidchemie.

Ebenso wurde das Programm für die verfahrenstechnischen Fachrichtungen überarbeitet.

Große Aufmerksamkeit wurde den Lehrbüchern und den Lehrmaterialien gewidmet. Bei der Verbesserung der Lehrmethoden in der anorganischen Chemie spielten die Lehrmaterialien von M. Karapetjanz und S. Drakin „Stoffaufbau" und von M. Karapetjanz „Einführung in die Theorie chemischer Prozesse" eine große Rolle. Sie dienen als Grundlage für das Studium des allgemeinen theoretischen Teils des ganzen Gebietes der anorganischen Chemie. Neu sind die Lehrbücher „Anorganische Chemie" von N. Achmetow und „Einführung in die anorganische Chemie" von G. Nowikow.

Bei der Vervollkommnung der Ausbildung auf dem Gebiet Analytik spielte das dreibändige Lehrbuch „Grundlagen der analytischen Chemie" von A. Kreschkow, für das der Verfasser den Staatspreis erhielt, eine große Rolle.

Als Studienmaterial für den vollständigen Lehrgang der organischen Chemie wird mit Erfolg die 3. Auflage des Lehrbuches von A. Petrow, Ch. Baljan und A. Troschtschenko „Organische Chemie" benutzt. Ebenso müssen das bedeutende umfangreiche zweibändige Werk von A. Nesmejanow und N. Nesmejanow „Einführung in die organische Chemie" sowie die Lehrmaterialien zu einzelnen Fragen der organischen Chemie von W. Palm „Einführung in die theoretische organische Chemie" und „Stereochemie" von W. Potapow gewürdigt werden.

Im Lehrfach Physikalische Chemie ist die 3. Auflage des Buches „Lehrgang der physikalischen Chemie" von W. Kirejew zu erwähnen. Für die Arbeit „Kurzer Lehrgang der physikalischen Chemie" erhielt der gleiche Verfasser den Staatspreis.

Große Aufmerksamkeit wird in der UdSSR der Ausbildung von Chemiefachleuten mit hohem Niveau gewidmet. Sie müssen die gewaltigen Aufgaben des neuen Fünfjahrplanes, die Aufgaben der Zukunft lösen. Professoren und Lehrkörper, die Wissenschaftler der Forschungsinstitute unternehmen alles, damit die Chemie, die theoretische wie die angewandte, den ihr gebührenden Platz in der Schule, an den Hochschulen und im Leben einnimmt und ihren Beitrag zum Aufbau der kommunistischen Gesellschaft in der UdSSR leisten kann.

7. Die Akademie der Wissenschaften sozialistischer Länder und die internationale Vereinigung für reine und angewandte Chemie (IUPAC)

Die internationale Vereinigung für reine und angewandte Chemie (IUPAC) wurde 1918 gegründet und ist gegenwärtig die größte und eine der am aktivsten arbeitenden internationalen wissenschaftlichen Gremien.

In ihr vereinigen sich 45 Länder, jedes von ihnen ist durch die zuständige nationale Organisation vertreten. Zur Zeit sind alle sozialistischen Länder Mitglied der IUPAC.

Erfreulich ist es, daß im Jahre 1973 die DDR als Mitglied der IUPAC aufgenommen wurde. Somit erhielten alle sozialistischen Länder eine zusätzliche Möglichkeit für eine schöpferische Verbindung untereinander und mit den Spezialisten der Chemie aller Länder im Rahmen der Abteilungen, Kommissionen und Sektionen dieser repräsentativen wissenschaftlichen Vereinigung.

Die grundlegenden Aufgaben, die sich die IUPAC stellt, sind:

- allseitige Festigung der Verbindungen zwischen den Chemikern der Teilnehmerländer;
- Untersuchung der verschiedensten Probleme im Bereich der Chemie, die eine internationale Zusammenarbeit erforderlich machen;
- Kontrolle und Standardisierung, Kooperation mit anderen internationalen Organisationen, die Beziehung zu chemischen Problemen haben (spezialisierte Unterabteilungen der UNO, der UNESCO, der Weltgesundheitsorganisation u. a.).

Die wissenschaftliche Tätigkeit konzentriert sich auf die Fragen der Chemie, die eine internationale Zusammenarbeit erfordern, speziell:

Standardisierung, Systematisierung, Nomenklatur, physikalisch-chemische Nachschlagewerke, Anwendung der Rechentechnik, Chemieunterricht, Methoden der chemischen und physikalisch-chemischen Analyse, aber ebenso eine Reihe spezieller Probleme, wie z. B. die Abwasserreinigung, das Problem der zulässigen Konzentration von Chemikalien in der Luft sowie in Nahrungsmitteln usw.

In den letzten Jahren schenkte die IUPAC den Fragen, die von Interesse für die Industrie sind, große Aufmerksamkeit. So z. B. wurden von ihr folgende Materialien vorbereitet und veröffentlicht: „Die Herstellung von Eichmaßen zur Analyse des Urans im erzarmen Gestein“; „Nachschlagewerk zum Reinheitsgrad von verkäuflichen radioaktiven Stoffen“; „Beurteilung der Eigenschaften von Farben“; „Klassifizierung der Polymeren“; „Wiederholte Verwendung des Wassers in der Industrie“; „Bestimmung des Blei- und Quecksilbergehaltes in Nahrungsmitteln“ usw.

Entsprechende Materialien, vorbereitet durch internationale Expertengruppen, sind von bedeutendem Interesse und haben mit den Jahren große Anerkennung gefunden.

In vielen Ländern werden sie als Grundlage für die Gesetzgebung oder zur Regelung der Beziehungen zwischen Betrieben und dem internationalen Chemikalienmarkt benutzt.

Dem großen Interesse Rechnung tragend, daß der wissenschaftlichen Tätigkeit der IUPAC von den Chemiefirmen verschiedener Länder entgegengebracht wurde, gründete die IUPAC im Jahre 1966 das spezielle Institut „Assoziierte Gesellschaften“.

In allen Gremien sind die Wissenschaftler der Akademie der Wissenschaften der UdSSR aktiv tätig, die mit der chemischen Wissenschaft, Bildung und der internationalen Zusammenarbeit verbunden sind.

Es gibt keinen Zweifel, daß die weitere Festigung und Verbesserung der vielfältigen Formen der Zusammenarbeit zwischen den Chemikern der sozialistischen Länder, die auf den Prinzipien der Brüderlichkeit und Freundschaft beruht, einen beachtlichen Beitrag zum wissenschaftlich-technischen Fortschritt und zum Aufbau des Kommunismus in unseren Ländern leisten wird.

Bei Fragen zur Produktsicherheit wenden Sie sich bitte an:
If you have any questions regarding product safety,
please contact:

Walter de Gruyter GmbH
Genthiner Straße 13
10785 Berlin
productsafety@degruyterbrill.com